Kaushal Kumar
Paramvir Yadav

Noções básicas de tecnologia dos plásticos

Kaushal Kumar
Paramvir Yadav

Noções básicas de tecnologia dos plásticos

ScienciaScripts

Imprint
Any brand names and product names mentioned in this book are subject to trademark, brand or patent protection and are trademarks or registered trademarks of their respective holders. The use of brand names, product names, common names, trade names, product descriptions etc. even without a particular marking in this work is in no way to be construed to mean that such names may be regarded as unrestricted in respect of trademark and brand protection legislation and could thus be used by anyone.

Cover image: www.ingimage.com

This book is a translation from the original published under ISBN 978-620-7-80907-3.

Publisher:
Sciencia Scripts
is a trademark of
Dodo Books Indian Ocean Ltd. and OmniScriptum S.R.L publishing group

120 High Road, East Finchley, London, N2 9ED, United Kingdom
Str. Armeneasca 28/1, office 1, Chisinau MD-2012, Republic of Moldova, Europe
Printed at: see last page
ISBN: 978-620-7-84839-3

ÍNDICE DE CONTEÚDO

PREFÁCIO

O livro "Fundamentos da Tecnologia dos Plásticos" foi concebido para servir como um guia completo para estudantes, engenheiros, investigadores e profissionais no domínio da engenharia dos plásticos. Este livro tem como objetivo colmatar a lacuna entre os conceitos fundamentais e as aplicações práticas, fornecendo aos leitores uma base sólida sobre a tecnologia dos plásticos e as suas inúmeras utilizações em várias indústrias.

Os plásticos revolucionaram o mundo moderno, tornando-se indispensáveis na nossa vida quotidiana e em aplicações industriais. Desde embalagens e componentes automóveis a dispositivos médicos e aparelhos electrónicos, a versatilidade e durabilidade dos plásticos tornaram-nos uma pedra angular da engenharia e fabrico contemporâneos. Apesar da sua utilização generalizada, a compreensão das complexidades dos materiais plásticos, das técnicas de processamento e das aplicações requer uma abordagem pormenorizada e sistemática.

Este livro começa com uma exploração da história e do desenvolvimento dos plásticos, traçando a sua evolução desde os primeiros polímeros naturais até aos sofisticados materiais sintéticos que utilizamos atualmente. Ao aprofundar as propriedades fundamentais dos diferentes tipos de plásticos, os leitores ficarão a conhecer as características que tornam estes materiais tão versáteis e úteis.

CAPÍTULO 1

INTRODUÇÃO AOS PLÁSTICOS

Na tapeçaria dos materiais modernos, os plásticos tecem um fio complexo e intrincado, servindo como a espinha dorsal de numerosas indústrias e tecnologias. Esta exploração embarca numa viagem através dos anais da história, traçando as origens e a evolução dos plásticos, examinando o seu papel indispensável na sociedade contemporânea e examinando a vasta paisagem dos materiais plásticos e as suas aplicações multifacetadas.

1.1 Origens e Génese

A génese dos plásticos remonta às civilizações antigas, onde os polímeros naturais, como a borracha e a goma-laca, eram utilizados para várias aplicações. No entanto, o aparecimento dos polímeros sintéticos anunciou uma nova era de inovação de materiais. Em 1862, Alexander Parkes revelou o Parkesine, o primeiro plástico produzido pelo homem, marcando um momento seminal na história da ciência dos materiais. As descobertas subsequentes, incluindo a invenção do celuloide e da baquelite, impulsionaram os plásticos para a vanguarda do progresso industrial, preparando o terreno para a sua adoção generalizada no século XX e seguintes.

1.2 A época dos plásticos

O século XX assistiu à ascensão meteórica dos plásticos, impulsionada pelos avanços tecnológicos, pela prosperidade económica e pela alteração das

3

preferências dos consumidores. A Segunda Guerra Mundial serviu de catalisador para a sua proliferação, com os plásticos a desempenharem um papel fundamental nas aplicações militares e nos esforços de reconstrução pós-guerra. O advento das técnicas de produção em massa, juntamente com o desenvolvimento de polímeros versáteis, revolucionou indústrias que vão desde a embalagem e a indústria automóvel à eletrónica e aos cuidados de saúde. Os plásticos tornaram-se sinónimo de modernidade e conveniência, permeando todas as facetas da vida quotidiana e remodelando as normas sociais.

1.3 Desvendando a tapeçaria dos materiais plásticos

Os plásticos englobam uma gama diversificada de materiais, cada um com propriedades e características únicas. Os termoplásticos, caracterizados pela sua capacidade de amolecer e remodelar após aquecimento, dominam a paisagem dos plásticos modernos. Do polietileno e polipropileno ao poliestireno e PVC, os termoplásticos oferecem versatilidade, acessibilidade e reciclabilidade, tornando-os indispensáveis na embalagem, construção e bens de consumo. Os plásticos termoendurecíveis, exemplificados pelas resinas epóxi e pelos compostos fenólicos, passam por processos de cura irreversíveis para formar estruturas rígidas e duradouras, ideais para aplicações que exigem resistência ao calor e aos produtos químicos. Os elastómeros, incluindo a borracha natural e os elastómeros sintéticos como o neopreno e o silicone, apresentam propriedades elásticas essenciais para vedações, juntas e componentes de absorção de choques. Para além disso, o advento dos bioplásticos, derivados de fontes renováveis como o amido de milho e a cana-de-açúcar, anuncia uma nova era de sustentabilidade e gestão ambiental, oferecendo alternativas aos plásticos tradicionais à base de petróleo.

1.4 A tela das aplicações

Os plásticos servem de tela sobre a qual convergem a inovação e a criatividade, permitindo avanços revolucionários numa miríade de indústrias e domínios. No domínio das embalagens, os plásticos oferecem uma versatilidade sem paralelo, prolongando o prazo de validade dos produtos perecíveis, reduzindo o desperdício alimentar e melhorando a segurança e integridade dos produtos. Os fabricantes de automóveis aproveitam a natureza leve e durável dos plásticos para melhorar a eficiência do combustível, melhorar o desempenho do veículo e otimizar a estética do design. Dos dispositivos electrónicos aos implantes médicos, os plásticos fornecem componentes e caixas essenciais que facilitam a inovação tecnológica e melhoram a qualidade de vida. Na construção, os plásticos contribuem para a eficiência energética, durabilidade e sustentabilidade, permitindo aos arquitectos e engenheiros ultrapassar os limites do design e da construção.

1.5 Navegar pelos impactos ambientais

Para além dos seus inúmeros benefícios, os plásticos apresentam desafios ambientais formidáveis, decorrentes de questões de poluição, gestão de resíduos e esgotamento de recursos. Os plásticos de utilização única, em particular, têm atraído uma atenção generalizada devido à sua presença omnipresente em aterros, oceanos e ecossistemas, colocando ameaças à vida selvagem e à saúde humana. O imperativo de adotar práticas sustentáveis e promover iniciativas de economia circular nunca foi tão urgente, uma vez que as partes interessadas em toda a cadeia de valor procuram atenuar a pegada ambiental dos plásticos através da reciclagem, da biodegradabilidade e de materiais alternativos. Além disso, são essenciais esforços concertados para aumentar a sensibilização, promover a inovação e aprovar reformas políticas para enfrentar os desafios sistémicos colocados pelos resíduos de plástico e pela poluição.

1.6 Traçar o rumo a seguir

À medida que a sociedade se encontra na encruzilhada da inovação e da sustentabilidade, os plásticos continuam a evoluir em resposta à mudança de valores sociais, aos avanços tecnológicos e aos imperativos ambientais. Inovações como os bioplásticos, os materiais inteligentes e as tecnologias avançadas de reciclagem são promissoras para revolucionar a indústria dos plásticos e inaugurar uma nova era de sustentabilidade e circularidade. No entanto, a concretização desta visão requer ação colectiva, colaboração e um compromisso firme com o consumo e a produção responsáveis. Ao aproveitar o poder transformador dos plásticos e ao mesmo tempo adotar princípios de gestão ambiental e responsabilidade social, podemos navegar pelas complexidades do século XXI e construir um futuro mais resiliente, equitativo e sustentável para as gerações vindouras.

CAPÍTULO 2

QUÍMICA DOS POLÍMEROS

A química dos polímeros é a pedra angular da moderna ciência dos materiais, desvendando as intrincadas estruturas e propriedades moleculares que sustentam o comportamento e a funcionalidade dos polímeros. Esta exploração abrangente aprofunda os fundamentos da ciência dos polímeros, elucida as relações estrutura-propriedade inerentes aos polímeros e examina a gama diversificada de técnicas de polimerização que permitem a síntese e a manipulação de macromoléculas com precisão e controlo.

2.1 Fundamentos da ciência dos polímeros

No centro da ciência dos polímeros está o conceito de macromoléculas - moléculas grandes, semelhantes a cadeias, compostas por subunidades repetidas conhecidas como monómeros. A síntese, a estrutura e as propriedades dos polímeros são regidas por uma miríade de factores, incluindo o peso molecular, a arquitetura da cadeia e as interacções intermoleculares. A polimerização, o processo pelo qual os monómeros são quimicamente ligados para formar polímeros, pode ocorrer através de vários mecanismos, desde a polimerização em cadeia até à polimerização por etapas. Compreender a cinética e a termodinâmica das reacções de polimerização é essencial para adaptar as propriedades e o desempenho dos polímeros a aplicações específicas.

2.2 Estrutura e propriedades dos polímeros

A estrutura dos polímeros desempenha um papel fundamental na determinação das suas propriedades mecânicas, térmicas e ópticas. As cadeias de polímeros podem adotar uma série de conformações, incluindo configurações lineares, ramificadas e reticuladas, cada uma delas conferindo características distintas ao material. A disposição das unidades monoméricas ao longo da espinha dorsal do polímero, conhecida como tacticidade, influencia propriedades como a cristalinidade, a rigidez e a solubilidade. Além disso, as forças intermoleculares, como as interacções de van der Waals e as ligações de hidrogénio, regem o comportamento dos polímeros em solução e no estado sólido, influenciando propriedades como a viscosidade, a elasticidade e a adesão. Ao elucidar a relação entre a estrutura e as propriedades, os cientistas de polímeros podem conceber polímeros com funcionalidades e atributos de desempenho personalizados para satisfazer as exigências de diversas aplicações.

2.3 Técnicas de polimerização

As técnicas de polimerização abrangem um conjunto diversificado de metodologias para sintetizar polímeros com controlo preciso do peso molecular, da arquitetura e da composição. Os mecanismos de polimerização de crescimento de cadeia, incluindo a polimerização radical, catiónica e aniónica, permitem a formação rápida de polímeros com peso molecular elevado e distribuições de peso molecular estreitas. As técnicas de polimerização controlada/vida, como a polimerização radical de transferência de átomos (ATRP) e a polimerização de transferência de cadeia por adição-fragmentação reversível (RAFT), oferecem um controlo sem paralelo sobre a arquitetura do polímero, permitindo a síntese de copolímeros em bloco, copolímeros de enxerto e estruturas macromoleculares complexas. Os mecanismos de polimerização por etapas, caracterizados por reacções de policondensação e poliadição, permitem o acesso a uma vasta gama de polímeros de elevado desempenho, incluindo poliésteres, poliamidas e poliuretanos. Aproveitando a versatilidade e a escalabilidade das técnicas de polimerização, os investigadores podem adaptar a estrutura molecular e as propriedades dos polímeros para satisfazer os requisitos rigorosos de diversos sectores industriais, desde o aeroespacial e automóvel até ao biomédico e eletrónico.

2.4 Avanços na Química de Polímeros

O campo da química dos polímeros continua a evoluir a um ritmo acelerado, impulsionado pelos avanços nas metodologias sintéticas, técnicas de caraterização e modelação teórica. Desde o desenvolvimento de novos sistemas de catalisadores para polimerização de precisão até à conceção de polímeros sensíveis a estímulos para a administração de medicamentos, os investigadores estão a alargar as fronteiras da ciência dos polímeros para enfrentar desafios sociais prementes e permitir inovações tecnológicas transformadoras. Além disso, as colaborações interdisciplinares na interface entre a química dos polímeros, a ciência dos materiais e a biologia estão a produzir avanços em áreas como os materiais biomiméticos, a engenharia de tecidos e a medicina regenerativa, abrindo caminho para materiais da próxima geração com funcionalidades e aplicações sem precedentes. Ao aproveitar a experiência colectiva e o engenho da comunidade científica, a química dos polímeros promete desbloquear novas fronteiras na conceção de materiais, permitindo tecnologias sustentáveis e moldando o futuro da civilização.

CAPÍTULO 3

TIPOS DE PLÁSTICOS

Os plásticos, com a sua notável versatilidade e adaptabilidade, tornaram-se materiais indispensáveis em praticamente todos os aspectos da vida moderna. Desde os recipientes que contêm os nossos alimentos até aos componentes dos nossos smartphones, os plásticos desempenham um papel fundamental na formação do mundo que nos rodeia. Esta exploração aprofunda a gama diversificada de plásticos, categorizando-os em três classes principais - termoplásticos, plásticos termoendurecíveis e elastómeros - e elucidando as suas características únicas e aplicações em várias indústrias.

3.1 Compreender os plásticos

Os plásticos são polímeros orgânicos, grandes moléculas compostas por subunidades repetidas chamadas monómeros, ligadas entre si através de ligações químicas. As propriedades dos plásticos são determinadas por factores como o peso molecular, a arquitetura da cadeia e as forças intermoleculares. Ao contrário dos metais e da cerâmica, que têm pontos de fusão fixos, os plásticos apresentam uma vasta gama de temperaturas de fusão e podem ser moldados em formas complexas através de processos de aquecimento e arrefecimento. Compreender a classificação e as propriedades dos plásticos é essencial para selecionar o material adequado para aplicações específicas e otimizar o desempenho e a relação custo-eficácia.

3.2 Termoplásticos

Os termoplásticos são uma classe de plásticos que amolecem quando aquecidos e solidificam quando arrefecem, o que lhes permite serem moldados e remoldados várias vezes sem sofrerem alterações químicas significativas. Esta propriedade torna-os altamente versáteis e adequados para uma vasta gama de aplicações. Os termoplásticos comuns incluem:

- **Polietileno (PE):** Um termoplástico amplamente utilizado, conhecido pela sua excelente resistência química, baixa densidade e facilidade de processamento. As variantes incluem o polietileno de alta densidade (HDPE) e o polietileno de baixa densidade (LDPE), cada um com propriedades distintas adequadas a diferentes aplicações, como embalagens, tubos e componentes automóveis.

- **Polipropileno (PP):** Conhecido pela sua elevada relação força/peso, resistência química e estabilidade térmica, o polipropileno é utilizado em aplicações que vão desde embalagens de alimentos e têxteis a peças automóveis e dispositivos médicos.
- **Cloreto de polivinilo (PVC):** O PVC é valorizado pela sua durabilidade, resistência às intempéries e propriedades retardadoras de chama, tornando-o adequado para materiais de construção, tubos, isolamento elétrico e produtos de saúde.
- **Poliestireno (PS):** Leve e rígido, o poliestireno é normalmente utilizado em embalagens, copos e recipientes descartáveis e materiais de isolamento.

3.3 Plásticos termoendurecíveis

Os plásticos termoendurecíveis, também conhecidos como termofixos, sofrem reacções químicas irreversíveis após o aquecimento, resultando numa estrutura de rede reticulada que confere rigidez e resistência ao calor ao material. Uma vez curados, os termoendurecíveis não podem ser remodelados ou remoldados, o que os torna adequados para aplicações que requerem estabilidade dimensional e desempenho a altas temperaturas. Exemplos de plásticos termoendurecíveis incluem:

- **Resinas fenólicas:** As resinas fenólicas apresentam uma excelente resistência ao calor, propriedades de isolamento elétrico e resistência química, o que as torna ideais para aplicações como placas de circuitos, componentes automóveis e aparelhos de consumo.

- **Resinas epóxi:** As resinas epoxídicas são valorizadas pela sua elevada força, adesão e resistência química. São utilizadas em revestimentos, adesivos, materiais compósitos e encapsulamento eletrónico.

- **Resinas de poliéster:** As resinas de poliéster, incluindo as resinas de poliéster insaturado e de éster vinílico, são amplamente utilizadas no fabrico de compósitos reforçados com fibra de vidro para aplicações marítimas, automóveis e de construção.

- **Resinas de ureia-formaldeído e melamina-formaldeído:** Estas resinas termoendurecíveis são utilizadas em colas para madeira, laminados e componentes moldados devido à sua elevada resistência, durabilidade e estabilidade dimensional.

3.4 Elastómeros

Os elastómeros são uma classe de polímeros que apresentam uma elasticidade semelhante à da borracha e podem voltar à sua forma original após deformação. Ao contrário dos termoplásticos e dos termoendurecíveis, os elastómeros têm um baixo módulo de elasticidade e sofrem uma deformação reversível sob tensão aplicada. Os elastómeros mais comuns incluem:

• **Borracha natural:** Derivada da seiva do látex das seringueiras, a borracha natural apresenta uma elevada elasticidade, resiliência e resistência ao rasgamento, o que a torna adequada para pneus, vedantes, mangueiras e outras aplicações automóveis e industriais.

• **Borracha de estireno-butadieno (SBR):** A SBR é uma borracha sintética com propriedades semelhantes às da borracha natural, mas com melhor resistência à abrasão e características de envelhecimento. É utilizada em pneus, correias transportadoras, calçado e adesivos.

• **Poliuretano (PU):** Os elastómeros de poliuretano oferecem uma excecional resistência à abrasão, flexibilidade e capacidade de carga, tornando-os adequados para aplicações como vedantes, juntas, rolos e materiais de amortecimento.

• **Borracha de silicone:** A borracha de silicone apresenta uma elevada resistência ao calor, propriedades de isolamento elétrico e biocompatibilidade, o que a torna adequada para vedantes de automóveis, dispositivos médicos e utensílios de cozinha.

3.5 Aplicações em todos os sectores

Cada classe de plásticos encontra diversas aplicações numa vasta gama de indústrias, impulsionadas pelas suas propriedades e características de desempenho únicas. Os termoplásticos são utilizados em embalagens, automóveis, construção, eletrónica e bens de consumo, enquanto os plásticos termoendurecíveis são utilizados em aplicações aeroespaciais, eléctricas, marítimas e industriais, onde a estabilidade dimensional e a resistência a altas temperaturas são fundamentais. Os elastómeros encontram aplicações nos sectores automóvel, aeroespacial, da saúde e dos produtos de consumo, onde a flexibilidade, a resiliência e a resistência ao impacto são fundamentais. Ao tirar partido das propriedades distintas de cada classe de plásticos, os engenheiros e designers podem desenvolver soluções inovadoras para satisfazer as necessidades em evolução da sociedade, optimizando simultaneamente o desempenho, o custo e a sustentabilidade.

3.6 Soluções sustentáveis e tendências futuras

À medida que a sociedade se debate com os desafios ambientais e procura fazer a transição para um futuro mais sustentável, a indústria dos plásticos está a explorar novos materiais e processos de fabrico para reduzir o impacto ambiental e promover a circularidade. Os bioplásticos, os plásticos reciclados e os polímeros de base biológica oferecem alternativas prometedoras aos plásticos tradicionais, proporcionando oportunidades para atenuar os resíduos de plástico e reduzir a dependência dos combustíveis fósseis. Além disso, os avanços na química dos polímeros, na ciência dos materiais e no fabrico de aditivos estão a impulsionar a inovação em áreas como a impressão 3D, os materiais inteligentes e os nanocompósitos, abrindo caminho a aplicações transformadoras nos cuidados de saúde, na eletrónica, no armazenamento de energia e muito mais.

CAPÍTULO 4

MÉTODOS DE PROCESSAMENTO DE PLÁSTICOS

Os métodos de processamento de plásticos são a pedra angular do fabrico moderno, permitindo a transformação de matérias-primas plásticas numa gama diversificada de produtos e componentes que permeiam praticamente todos os aspectos da nossa vida quotidiana. Desde a moldagem por injeção e a extrusão até à moldagem por sopro e à termoformagem, esta exploração investiga os meandros das técnicas de processamento de plásticos, elucidando os seus princípios, aplicações e contributos para a inovação industrial e a prosperidade económica.

4.1 Moldagem por injeção

A moldagem por injeção é um processo de fabrico versátil e amplamente utilizado para produzir peças de plástico complexas com elevada precisão e repetibilidade. O processo envolve a injeção de material plástico fundido numa cavidade de molde sob alta pressão, onde solidifica para formar a forma desejada. Os principais componentes do processo de moldagem por injeção incluem a unidade de injeção, que funde e injecta o material plástico no molde, e o molde, que contém a cavidade e o sistema de canais. A moldagem por injeção é utilizada em diversas indústrias, incluindo a automóvel, bens de consumo, eletrónica e dispositivos médicos, onde permite a produção em massa de componentes complexos com tolerâncias apertadas e um acabamento superficial superior.

4.2 Extrusão

A extrusão é um processo de fabrico contínuo utilizado para produzir perfis, canos, tubos e películas de plástico de várias formas e tamanhos. O processo envolve forçar material plástico fundido através de um orifício de matriz sob condições controladas de temperatura e pressão, onde solidifica para formar a secção transversal desejada. A extrusão pode ser efectuada utilizando extrusoras de parafuso único ou de parafuso duplo, dependendo da complexidade do produto e das propriedades do material plástico. As aplicações comuns da extrusão incluem películas de embalagem, tubos de PVC, vedantes para automóveis e perfis de construção, onde oferece um elevado rendimento, baixo custo e versatilidade na conceção.

4.3 Moldagem por sopro

A moldagem por sopro é um processo de fabrico utilizado para produzir peças de plástico ocas, tais como garrafas, recipientes e depósitos de combustível para automóveis. O processo envolve a extrusão de um parison (tubo oco) de material plástico fundido e a sua insuflação numa cavidade do molde utilizando ar comprimido, onde se adapta à forma do molde e solidifica. A moldagem por sopro pode ser classificada em diversas variantes, incluindo a moldagem por sopro com extrusão, a moldagem por sopro com injeção e a moldagem por sopro com estiramento, cada uma oferecendo vantagens e aplicações únicas. Os materiais comuns utilizados na moldagem por sopro incluem o polietileno, o polipropileno e o PET, que apresentam excelentes propriedades mecânicas, clareza e resistência química.

4.4 Termoformagem

A termoformagem é um processo de fabrico versátil utilizado para produzir peças de plástico de calibre fino, como tabuleiros de embalagens, conchas e componentes interiores de automóveis. O processo envolve o aquecimento de uma folha de termoplástico até à sua temperatura de amolecimento e, em seguida, a sua colocação sobre uma cavidade de molde, onde é moldada a vácuo ou sob pressão com a forma desejada. A termoformagem oferece vantagens como baixos custos de ferramentas, tempos de ciclo rápidos e a capacidade de produzir peças grandes e complexas com geometrias intrincadas. Os termoplásticos comuns utilizados na termoformagem incluem o PVC, o PET, o poliestireno e o polipropileno, que oferecem um equilíbrio entre propriedades mecânicas, processabilidade e rentabilidade.

4.5 Moldagem por compressão

A moldagem por compressão é um processo de fabrico versátil e económico utilizado para produzir peças de plástico grandes e complexas, tais como componentes automóveis, caixas eléctricas e caixas de aparelhos. O processo envolve a colocação de um material termoendurecível ou termoplástico pré-aquecido numa cavidade de molde aquecida e a aplicação de pressão para comprimir o material na forma pretendida. A moldagem por compressão oferece vantagens como elevadas taxas de produção, baixos custos de ferramentas e a capacidade de moldar geometrias complexas com o mínimo de desperdício. Os materiais comuns utilizados na moldagem por compressão incluem resinas fenólicas, resinas epoxídicas e compostos de moldagem de folhas (SMC), que oferecem uma excelente estabilidade dimensional, resistência ao calor e propriedades mecânicas.

4.6 Moldagem por rotação

A moldagem por rotação, também conhecida como rotomoldagem, é um processo de fabrico único utilizado para produzir peças de plástico ocas, tais como tanques, contentores e equipamento de parques infantis. O processo envolve a colocação de uma quantidade pré-determinada de material plástico em pó numa cavidade de molde aquecida e a rotação do molde em torno de dois eixos perpendiculares, onde o material derrete gradualmente e reveste a superfície interna do molde para formar a forma desejada. A moldagem rotacional oferece vantagens como a flexibilidade do design, a espessura uniforme da parede e a capacidade de produzir peças grandes e complexas com propriedades mecânicas consistentes. Os materiais comuns utilizados na moldagem por rotação incluem o polietileno, o polipropileno e o PVC, que oferecem uma excelente resistência ao impacto, resistência química e estabilidade aos raios UV.

4.7 Fundição

A fundição é um processo de fabrico versátil utilizado para produzir peças de plástico sólidas com geometrias complexas, detalhes intrincados e acabamentos de superfície finos. O processo envolve o derramamento de uma resina líquida ou material polimérico numa cavidade do molde, onde solidifica para formar a forma desejada. A fundição pode ser efectuada através de várias técnicas, incluindo a fundição aberta, a fundição fechada e a moldagem por injeção com reação (RIM), cada uma oferecendo vantagens e aplicações únicas. Os materiais comuns utilizados na fundição incluem resinas de poliuretano, epóxi, silicone e poliéster, que oferecem uma vasta gama de propriedades mecânicas, tempos de cura e relação custo-eficácia.

4.8 Aplicações em todos os sectores

As técnicas de processamento de plástico encontram diversas aplicações numa vasta gama de indústrias, incluindo a automóvel, aeroespacial, bens de consumo, eletrónica e cuidados de saúde. A moldagem por injeção é utilizada para produzir componentes interiores e exteriores, painéis de instrumentos e caixas electrónicas na indústria automóvel, enquanto que a extrusão é utilizada para fabricar perfis de janelas, vedantes e isolamento de fios. A moldagem por sopro é utilizada para produzir garrafas de bebidas, recipientes para detergentes e depósitos de combustível para automóveis, enquanto a termoformagem é utilizada para produzir tabuleiros para embalagens, embalagens blister e copos descartáveis. A moldagem por compressão encontra aplicações em caixas de aparelhos, caixas eléctricas e componentes aeroespaciais, enquanto a moldagem por rotação é utilizada para produzir tanques de água, equipamento para parques infantis e contentores de armazenamento. A fundição é utilizada para produzir protótipos, modelos arquitectónicos e componentes decorativos, demonstrando a versatilidade e adaptabilidade das técnicas de processamento do plástico para satisfazer as diversas necessidades da produção moderna.

4.9 Avanços e tendências futuras

O sector do processamento de plásticos continua a evoluir a um ritmo acelerado, impulsionado pelos avanços na ciência dos materiais, na tecnologia de fabrico e nas iniciativas de sustentabilidade. Desde o desenvolvimento de materiais biodegradáveis e reciclados até à adoção de tecnologias de fabrico digital, como o fabrico de aditivos e a Indústria 4.0, o futuro do processamento de plásticos é promissor em termos de inovação, eficiência e gestão ambiental. Ao adotar tendências emergentes como a leveza, a integração funcional e os princípios da economia circular, os fabricantes podem desbloquear novas oportunidades de diferenciação de produtos, redução de custos e mitigação do impacto ambiental, moldando o futuro do fabrico industrial e impulsionando o progresso social.

CAPÍTULO 5

PROPRIEDADES DOS PLÁSTICOS

Os plásticos, com a sua notável versatilidade e adaptabilidade, tornaram-se materiais indispensáveis em praticamente todas as facetas da vida moderna. Desde as embalagens que protegem os nossos alimentos até aos componentes dos nossos dispositivos electrónicos, os plásticos desempenham um papel fundamental na formação do mundo que nos rodeia. Esta exploração abrangente aprofunda a gama diversificada de propriedades exibidas pelos plásticos, que vão desde a força mecânica e a resistência térmica ao isolamento elétrico e à estabilidade química. Ao desvendar a intrincada interação entre estrutura e função, podemos obter uma compreensão mais profunda das propriedades únicas que tornam os plásticos inestimáveis numa multiplicidade de aplicações.

5.1 Propriedades mecânicas

As propriedades mecânicas englobam uma vasta gama de características que regem o comportamento dos plásticos sob forças e cargas aplicadas. A resistência, a rigidez e a tenacidade são parâmetros-chave que determinam a integridade estrutural e o desempenho dos materiais plásticos em várias aplicações. A resistência refere-se à capacidade de um material suportar as forças aplicadas sem ceder ou fraturar, enquanto a rigidez, ou módulo de elasticidade, mede a resistência de um material à deformação sob tensão. A tenacidade quantifica a capacidade de absorção de energia de um material e a sua capacidade de suportar impactos ou choques súbitos sem fraturar. Ao adaptar a estrutura molecular, a morfologia e as condições de processamento dos plásticos, os engenheiros podem otimizar as propriedades mecânicas para satisfazer requisitos de design específicos em indústrias como a automóvel, a aeroespacial, a construção e os bens de consumo.

5.2 Propriedades térmicas

As propriedades térmicas desempenham um papel fundamental na determinação da adequação dos plásticos para aplicações sujeitas a temperaturas elevadas, ciclos térmicos e choques térmicos. O ponto de fusão, a resistência ao calor e o coeficiente de expansão térmica são parâmetros-chave que regem o comportamento térmico dos plásticos. O ponto de fusão indica a temperatura à qual um material plástico transita do estado sólido para o estado líquido, enquanto a resistência ao calor mede a capacidade de um material manter a sua integridade estrutural e propriedades mecânicas a temperaturas elevadas. O coeficiente de expansão térmica quantifica a taxa a que um material se expande ou contrai com as alterações de temperatura, influenciando a estabilidade dimensional e as tolerâncias em aplicações de precisão. Compreender as propriedades térmicas dos plásticos é essencial para selecionar materiais para aplicações como componentes de motores automóveis, isolamento elétrico e aparelhos de consumo, onde a exposição ao calor e às flutuações de temperatura é comum.

5.3 Propriedades eléctricas

As propriedades eléctricas são considerações críticas em aplicações em que os plásticos são utilizados como materiais isolantes para evitar a condução eléctrica e garantir a segurança e fiabilidade eléctrica. A resistência de isolamento, a força dieléctrica e a resistividade da superfície são parâmetros chave que caracterizam o comportamento elétrico dos plásticos. A resistência de isolamento mede a capacidade de um material para resistir ao fluxo de corrente eléctrica através do seu volume, enquanto a rigidez dieléctrica quantifica o campo elétrico máximo que um material pode suportar sem rutura eléctrica. A resistividade superficial denota a resistência de um material ao fluxo de corrente eléctrica através da sua superfície, influenciando a sua adequação a aplicações como placas de circuitos impressos, caixas eléctricas e isolamento de alta tensão. Ao selecionar plásticos com propriedades eléctricas adaptadas, os engenheiros podem conceber componentes e sistemas que satisfazem requisitos de desempenho rigorosos em diversas indústrias, como a eletrónica, as telecomunicações e a produção de energia.

5.4 Resistência química

A resistência química é uma propriedade crítica que rege a compatibilidade dos plásticos com vários ambientes químicos, incluindo ácidos, bases, solventes e substâncias corrosivas. A resistência ao ataque químico, a estabilidade química e a resistência à permeação são parâmetros-chave que determinam a compatibilidade química dos plásticos. A resistência ao ataque químico refere-se à capacidade de um material manter a sua integridade estrutural e propriedades quando exposto a produtos químicos agressivos, enquanto a estabilidade química mede a suscetibilidade de um material à degradação ou decomposição na presença de substâncias reactivas. A resistência à permeação quantifica a capacidade de um material para impedir a difusão de produtos químicos através da sua estrutura, influenciando a sua adequação a aplicações como tanques de armazenamento de produtos químicos, sistemas de tubagem e revestimentos industriais. Ao selecionar plásticos com resistência química adequada, os engenheiros podem assegurar a durabilidade e fiabilidade a longo prazo dos componentes expostos a ambientes químicos agressivos em indústrias como a de processamento químico, farmacêutica e de petróleo e gás.

5.5 Características de intemperismo e envelhecimento

As características de resistência às intempéries e ao envelhecimento são considerações importantes em aplicações em que os plásticos são expostos a ambientes exteriores, radiação UV e factores de stress ambiental durante períodos prolongados. A resistência aos raios UV, a resistência às intempéries e a resistência ao envelhecimento são parâmetros-chave que determinam o desempenho a longo prazo e a durabilidade dos plásticos em aplicações no exterior. A resistência aos UV mede a capacidade de um material suportar a degradação e a descoloração quando exposto à radiação ultravioleta da luz solar, enquanto a resistência às intempéries quantifica a resistência de um material a factores ambientais como a humidade, temperaturas extremas e poluentes atmosféricos. A resistência ao envelhecimento denota a capacidade de um material manter as suas propriedades mecânicas e o seu aspeto ao longo do tempo, apesar da exposição a factores de stress ambiental e a mecanismos de envelhecimento como a oxidação, a hidrólise e a degradação térmica. Ao selecionar plásticos com características superiores de resistência às intempéries e ao envelhecimento, os engenheiros podem conceber estruturas exteriores, materiais de construção e equipamento recreativo que resistam aos rigores da exposição exterior e mantenham o seu desempenho e estética durante períodos prolongados.

CAPÍTULO 6

ADITIVOS E AGENTES DE ENCHIMENTO

O mundo dos plásticos não é apenas vasto, mas também versátil, graças à adição de vários aditivos e cargas que podem melhorar significativamente as suas propriedades e desempenho. Desde estabilizadores e plastificantes a retardadores de chama e reforços, estes aditivos e cargas desempenham papéis cruciais na adaptação das características dos plásticos para satisfazer requisitos de aplicação específicos. Esta exploração abrangente aprofunda a gama diversificada de aditivos e cargas utilizados na indústria dos plásticos, elucidando os seus tipos, funções e contributos para melhorar o desempenho e a versatilidade dos materiais plásticos.

6.1 Tipos e funções dos aditivos

Os aditivos são substâncias adicionadas aos plásticos durante o processamento para modificar ou melhorar as suas propriedades, melhorar a processabilidade ou conferir funcionalidades específicas. Os tipos e funções dos aditivos variam consoante o resultado pretendido e os requisitos da aplicação. Alguns dos tipos mais comuns de aditivos incluem:

1. **Estabilizadores:** Os estabilizadores são aditivos utilizados para proteger os plásticos da degradação causada pela exposição ao calor, à luz, ao oxigénio e a outros factores ambientais. Antioxidantes, estabilizadores UV e estabilizadores térmicos são exemplos de estabilizadores normalmente utilizados em plásticos para prolongar a sua vida útil e manter as suas propriedades ao longo do tempo.

2. **Plastificantes:** Os plastificantes são aditivos utilizados para melhorar a flexibilidade, a suavidade e a trabalhabilidade dos plásticos, reduzindo a sua temperatura de transição vítrea e melhorando a sua processabilidade. Os ésteres de ftalato, adipatos e trimelitatos são exemplos de plastificantes normalmente utilizados em PVC, borracha e outros sistemas de polímeros para conferir flexibilidade e resiliência.

3. **Retardadores de chama:** Os retardadores de chama são aditivos utilizados para reduzir a inflamabilidade dos plásticos e melhorar as suas propriedades de resistência ao fogo. Os compostos halogenados, os aditivos à base de fósforo e os hidróxidos metálicos são exemplos de retardadores de chama normalmente utilizados nos plásticos para inibir ou suprimir o processo de combustão e minimizar a propagação das chamas.

4. **Agentes antimicrobianos:** Os agentes antimicrobianos são aditivos utilizados para inibir o crescimento de microrganismos, como bactérias, fungos e algas, na superfície dos plásticos, evitando assim a contaminação microbiana, a formação de odores e a degradação do material. Os compostos à base de prata, os sais de amónio quaternário e o triclosan são exemplos de agentes antimicrobianos normalmente utilizados em plásticos para aplicações como embalagens de alimentos, produtos de saúde e bens de consumo.

5. **Corantes e pigmentos:** Os corantes e pigmentos são aditivos utilizados para conferir cor, opacidade e atração estética aos plásticos, melhorando o seu aspeto visual e o reconhecimento da marca. Os corantes orgânicos, os pigmentos inorgânicos e os flocos metálicos são exemplos de corantes normalmente utilizados nos plásticos para obter uma vasta gama de cores e efeitos.

Cada tipo de aditivo tem uma função específica e pode ser adaptado para satisfazer os requisitos de diversas aplicações em sectores como o automóvel, a construção, a embalagem e a eletrónica. Ao selecionar e incorporar criteriosamente os aditivos nas formulações plásticas, os engenheiros e designers podem otimizar o desempenho, a durabilidade e a estética dos materiais plásticos para satisfazer as exigências rigorosas das aplicações modernas.

6.2 Enchimentos e reforços

As cargas e os reforços são materiais particulados ou fibrosos adicionados aos plásticos para melhorar as suas propriedades mecânicas, aumentar a estabilidade dimensional e reduzir os custos. As cargas são normalmente constituídas por minerais, fibras de vidro ou fibras de carbono, enquanto os reforços incluem materiais como fibras de aramida, fibras naturais e pós metálicos. Alguns dos tipos mais comuns de cargas e reforços utilizados em plásticos incluem:

1. **Fibras de vidro:** As fibras de vidro são um dos reforços mais utilizados nos plásticos, valorizadas pela sua elevada resistência, rigidez e estabilidade dimensional. Os compósitos reforçados com fibra de vidro são utilizados em aplicações como componentes automóveis, estruturas aeroespaciais e artigos desportivos, onde são necessários materiais leves e de elevado desempenho.

2. **Fibras de carbono:** As fibras de carbono são reforços leves e de elevada resistência derivados de precursores carbonados, como o poliacrilonitrilo (PAN) ou o breu. Os compósitos reforçados com fibras de carbono apresentam propriedades mecânicas excepcionais, incluindo elevada resistência à tração, módulo e resistência à fadiga, o que os torna ideais para aplicações como componentes de aeronaves, painéis de carroçaria de automóveis e equipamento desportivo.

3. **Enchimentos minerais:** As cargas minerais, como o carbonato de cálcio, o talco e a sílica, são normalmente utilizadas para melhorar a rigidez, a resistência ao impacto e a estabilidade dimensional dos plásticos. Os plásticos com cargas

minerais são utilizados em aplicações como materiais de construção, interiores de automóveis e bens de consumo, onde a relação custo-eficácia e o desempenho são fundamentais.

4. **Fibras de aramida:** As fibras de aramida, como o Kevlar e o Nomex, são reforços de alta resistência e resistentes ao calor, conhecidos pela sua excecional resistência à tração, módulo e resistência ao impacto. Os compósitos reforçados com fibras de aramida encontram aplicações em armaduras balísticas, componentes aeroespaciais e equipamento desportivo, onde são necessários materiais leves e duradouros para resistir a condições extremas.

5. **Fibras naturais:** As fibras naturais, como a juta, o sisal e o bambu, são reforços renováveis e biodegradáveis utilizados para melhorar a sustentabilidade e o desempenho ambiental dos plásticos. Os compósitos reforçados com fibras naturais são utilizados em interiores de automóveis, materiais de construção e produtos de consumo, onde os materiais de base biológica são preferidos pelo seu baixo impacto ambiental e atributos renováveis.

Ao incorporar cargas e reforços em matrizes plásticas, os engenheiros podem adaptar as propriedades mecânicas, a estabilidade térmica e o desempenho ambiental dos materiais plásticos para satisfazer requisitos de aplicação específicos. Quer se trate de melhorar a resistência, a rigidez ou a estabilidade dimensional, a seleção criteriosa e a incorporação de cargas e reforços permitem o desenvolvimento de plásticos de elevado desempenho que se destacam em diversas aplicações em todas as indústrias.

6.3 Aplicações em todos os sectores

Os aditivos e as cargas têm diversas aplicações numa vasta gama de indústrias, onde são utilizados para melhorar as propriedades e o desempenho dos plásticos em várias aplicações. Os estabilizadores, plastificantes e retardadores de chama são utilizados em componentes automóveis, isolamento elétrico e materiais de construção para melhorar a durabilidade, a capacidade de processamento e a resistência ao fogo. Os compósitos reforçados com fibra de vidro são utilizados em painéis de carroçaria de automóveis, estruturas aeroespaciais e pás de turbinas eólicas para reduzir o peso, aumentar a resistência e melhorar a eficiência do combustível. Os compósitos reforçados com fibra de carbono encontram aplicações em artigos desportivos, dispositivos médicos e equipamento industrial, onde são necessários materiais leves e de elevada resistência. Os plásticos com enchimento mineral são utilizados em materiais de construção, embalagens e bens de consumo para aumentar a rigidez, a resistência ao impacto e a estabilidade dimensional. Os compósitos reforçados com fibras de aramida são utilizados em armaduras balísticas, vestuário de proteção e componentes aeroespaciais para proporcionar uma força, durabilidade e resistência ao impacto excepcionais. Os compósitos reforçados com fibras naturais são utilizados em interiores de automóveis, mobiliário e embalagens para melhorar a sustentabilidade, reduzir o impacto ambiental e aumentar a biodegradabilidade.

6.4 Avanços e tendências futuras

O campo dos aditivos e das cargas continua a evoluir a um ritmo acelerado, impulsionado pelos avanços na ciência dos materiais, na tecnologia de fabrico e nas iniciativas de sustentabilidade. Desde o desenvolvimento de aditivos de base biológica e cargas renováveis até à adoção de tecnologias de fabrico digital, como o fabrico de aditivos e o design assistido por computador (CAD), o futuro dos aditivos e cargas é promissor em termos de inovação, eficiência e gestão ambiental. Ao adotar tendências emergentes como a leveza, a integração funcional e os princípios da economia circular, os fabricantes podem desbloquear novas oportunidades de diferenciação de produtos, redução de custos e mitigação do impacto ambiental, moldando o futuro da tecnologia dos plásticos e impulsionando o progresso social.

CAPÍTULO 7

ENSAIOS E CONTROLO DE QUALIDADE

Os ensaios e o controlo de qualidade são aspectos essenciais da indústria dos plásticos, garantindo que os materiais e produtos de plástico cumprem as normas exigidas de desempenho, segurança e fiabilidade. Desde os ensaios mecânicos à análise térmica e à análise química, é utilizada uma série de técnicas e procedimentos para avaliar as propriedades e características dos materiais plásticos. Esta exploração abrangente aprofunda a gama diversificada de métodos de ensaio e procedimentos de controlo de qualidade utilizados na indústria dos plásticos, elucidando a sua importância, princípios e aplicações para garantir a excelência dos materiais e produtos de plástico.

7.1 Normas e especificações para materiais plásticos

As normas e especificações servem de referência para avaliar as propriedades, o desempenho e a qualidade dos materiais plásticos. Organizações internacionais como a ASTM International, ISO (International Organization for Standardization) e ANSI (American National Standards Institute) desenvolvem e publicam normas que definem métodos de teste, critérios de desempenho e critérios de aceitação para vários tipos de materiais plásticos. As normas comuns abrangem áreas como as propriedades mecânicas, as propriedades térmicas, a resistência química, as características de resistência ao desgaste e o desempenho ambiental. A adesão às normas assegura a consistência, fiabilidade e interoperabilidade dos materiais plásticos em todas as indústrias e aplicações, facilitando o desenvolvimento de produtos, a aquisição e a conformidade regulamentar.

7.2 Ensaios mecânicos

Os ensaios mecânicos englobam uma gama de técnicas utilizadas para avaliar as propriedades mecânicas e o desempenho dos materiais plásticos sob forças e cargas aplicadas. Os ensaios de tração, os ensaios de flexão e os ensaios de impacto estão entre os ensaios mecânicos mais comuns realizados em plásticos:

1. **Ensaio de tração:** Os ensaios de tração medem a resistência de um material plástico ao alongamento longitudinal ou a forças de tração. Um espécime é submetido a tensão até à fratura, permitindo a determinação de propriedades como a resistência à tração, o alongamento na rutura e o módulo de elasticidade.
2. **Ensaio de flexão:** O ensaio de flexão mede a resistência de um material plástico a forças de flexão ou flexão. Um espécime é submetido a uma carga de flexão até que se parta ou atinja uma deflexão predeterminada, permitindo a determinação de propriedades como a resistência à flexão, o módulo de flexão e o módulo de rutura.
3. **Ensaios de impacto:** Os ensaios de impacto medem a capacidade de um material plástico absorver energia e resistir à fratura quando sujeito a cargas súbitas ou dinâmicas. Os métodos comuns de ensaio de impacto incluem o ensaio de impacto Charpy e o ensaio de impacto Izod, que avaliam a resistência ao impacto e a tenacidade dos plásticos em condições específicas.

Os ensaios mecânicos fornecem informações valiosas sobre a integridade estrutural, o desempenho e a durabilidade dos materiais plásticos, permitindo aos engenheiros e designers otimizar a seleção de materiais, a conceção de produtos e os processos de fabrico para cumprir os requisitos de desempenho e as normas regulamentares.

7.3 Análise térmica

As técnicas de análise térmica são utilizadas para caraterizar as propriedades térmicas e o comportamento dos materiais plásticos numa gama de temperaturas. A calorimetria diferencial de varrimento (DSC) e a análise termogravimétrica (TGA) estão entre as técnicas de análise térmica mais utilizadas:

1. **Calorimetria Exploratória Diferencial (DSC):** A DSC mede o fluxo de calor para dentro ou para fora de uma amostra em função da temperatura, permitindo a determinação de propriedades como a temperatura de fusão, a temperatura de transição vítrea, a temperatura de cristalização e a capacidade térmica. A DSC é utilizada para avaliar a estabilidade térmica, as transições de fase e as condições de processamento de materiais plásticos.

2. **Análise Termogravimétrica (TGA):** A TGA mede a perda de peso de uma amostra em função da temperatura ou do tempo, fornecendo informações sobre decomposição, degradação e estabilidade térmica. A TGA é utilizada para avaliar a estabilidade térmica, a cinética de decomposição e a composição de materiais plásticos sob condições de aquecimento controladas.

A análise térmica desempenha um papel crucial na compreensão do comportamento térmico, das características de processamento e das limitações de desempenho dos materiais plásticos, permitindo aos engenheiros e investigadores otimizar as formulações de materiais, os parâmetros de processamento e as aplicações de utilização final.

7.4 Análise química

As técnicas de análise química são utilizadas para avaliar a composição química, a estrutura e as propriedades dos materiais plásticos, bem como para identificar e quantificar aditivos, impurezas e produtos de degradação. As técnicas de análise química mais comuns incluem a espetroscopia de infravermelhos com transformada de Fourier (FTIR), a cromatografia gasosa-espetrometria de massa (GC-MS) e a cromatografia líquida-espetrometria de massa (LC-MS):

1. **Espectroscopia de infravermelhos com transformada de Fourier (FTIR):** A FTIR é utilizada para analisar a estrutura molecular e as ligações químicas presentes nos materiais plásticos através da medição da absorção de radiação infravermelha. A FTIR é utilizada para identificar grupos funcionais, detetar aditivos e avaliar a compatibilidade química e a degradação em materiais plásticos.

2. **Cromatografia gasosa-Espectrometria de massa (GC-MS):** A GC-MS é utilizada para separar, identificar e quantificar compostos orgânicos voláteis (COV), monómeros e aditivos presentes em materiais plásticos. A GC-MS é utilizada para avaliar a pureza, a composição e a qualidade dos materiais plásticos, bem como para detetar contaminantes e impurezas que possam afetar o desempenho e a segurança.

3. **Cromatografia Líquida-Espectrometria de Massa (LC-MS):** A LC-MS é utilizada para separar, identificar e quantificar compostos orgânicos não voláteis, oligómeros e aditivos presentes em materiais plásticos. A LC-MS é utilizada para avaliar a composição, a distribuição do peso molecular e os produtos de degradação dos materiais plásticos, fornecendo informações sobre as condições de processamento, estabilidade e desempenho.

A análise química fornece informações valiosas sobre a composição, estrutura e propriedades químicas dos materiais plásticos, permitindo que os fabricantes, investigadores e reguladores garantam a qualidade, segurança e conformidade dos produtos com os requisitos regulamentares.

7.5 Procedimentos de controlo de qualidade

Os procedimentos de controlo de qualidade englobam uma série de actividades e protocolos utilizados para monitorizar e manter a qualidade e a consistência dos materiais e produtos de plástico ao longo do processo de fabrico. Os principais procedimentos de controlo de qualidade incluem:

1. **Inspeção de entrada de material:** A inspeção de entrada de material envolve a avaliação de matérias-primas, aditivos e intermediários para garantir que cumprem os requisitos especificados de composição, pureza e qualidade antes de serem utilizados na produção.

2. **Monitorização durante o processo:** A monitorização durante o processo envolve a avaliação periódica dos principais parâmetros do processo, como a temperatura, a pressão e o tempo de permanência, para garantir que estão dentro dos limites especificados e que os processos de fabrico estão a funcionar de forma eficaz e eficiente.

3. **Ensaios de produtos acabados:** O ensaio de produtos acabados envolve a avaliação de produtos finais em relação a requisitos especificados para propriedades como dimensões, resistência mecânica, estabilidade térmica e resistência química. Os ensaios podem incluir ensaios mecânicos, análises térmicas, análises químicas e inspeção visual para garantir que os produtos cumprem as normas de desempenho e as expectativas dos clientes.

4. **Controlo estatístico do processo (SPC):** O controlo estatístico do processo envolve a utilização de técnicas estatísticas para monitorizar e analisar dados do processo, identificar tendências e detetar desvios dos valores-alvo ou especificações. O SPC ajuda a identificar fontes de variação, a melhorar a

estabilidade do processo e a reduzir os defeitos e a variabilidade nos processos de fabrico.

5. **Documentação e manutenção de registos: A** documentação e a manutenção de registos envolvem a manutenção de registos exaustivos das actividades de controlo da qualidade, dos resultados dos testes e dos parâmetros do processo para garantir a rastreabilidade, a responsabilidade e a conformidade com os requisitos regulamentares.

Os procedimentos de controlo de qualidade são essenciais para garantir a consistência, fiabilidade e segurança dos materiais e produtos de plástico, minimizando os defeitos, o desperdício e o retrabalho, e aumentando a satisfação do cliente e a confiança na qualidade dos produtos.

7.6 Aplicações e implicações

Os testes e o controlo de qualidade desempenham papéis cruciais para garantir o desempenho, a fiabilidade e a segurança dos materiais e produtos de plástico numa vasta gama de indústrias e aplicações. Desde componentes automóveis e dispositivos médicos a eletrónica, embalagens e materiais de construção, os plásticos são utilizados em diversas aplicações onde o desempenho, a durabilidade e a conformidade regulamentar são fundamentais. Os testes e o controlo de qualidade permitem que os fabricantes satisfaçam os requisitos dos clientes, cumpram as normas regulamentares e mantenham uma vantagem competitiva no mercado, impulsionando a inovação, a eficiência e a excelência na indústria dos plásticos.

7.7 Avanços e tendências futuras

O campo dos ensaios e do controlo de qualidade continua a evoluir a um ritmo acelerado, impulsionado pelos avanços na ciência dos materiais, nas técnicas analíticas e nas tecnologias digitais. Desde o desenvolvimento de métodos de ensaio rápidos e sistemas de monitorização online até à integração de inteligência artificial e algoritmos de aprendizagem automática, o futuro dos ensaios e do controlo de qualidade é promissor para uma maior precisão, eficiência e automatização. Ao adotar as tendências emergentes, como a Indústria 4.0, a tecnologia de gémeos digitais e a rastreabilidade baseada em cadeias de blocos, os fabricantes podem aumentar a transparência, a rastreabilidade e a responsabilidade em toda a cadeia de abastecimento, garantindo a qualidade, a segurança e a sustentabilidade dos materiais e produtos de plástico na era digital.

CAPÍTULO 8

APLICAÇÕES DOS PLÁSTICOS

Os plásticos revolucionaram a vida moderna, permeando praticamente todas as indústrias e aspectos da vida quotidiana com a sua notável versatilidade, durabilidade e acessibilidade. Dos componentes automóveis às embalagens, dos materiais de construção aos dispositivos médicos, da eletrónica aos produtos de consumo, os plásticos desempenham um papel fundamental na formação do mundo que nos rodeia. Esta exploração abrangente aprofunda a gama diversificada de aplicações dos plásticos em todas as indústrias, elucidando as suas propriedades únicas, benefícios e contributos para a inovação e o progresso.

8.1 Plásticos na indústria automóvel

Os plásticos tornaram-se materiais indispensáveis na indústria automóvel, onde são utilizados numa vasta gama de aplicações para melhorar a eficiência do combustível, a segurança e a flexibilidade do design. Desde componentes interiores leves a painéis exteriores de elevado desempenho, os plásticos oferecem inúmeras vantagens em relação aos materiais tradicionais, como o metal e o vidro:

1. **Componentes interiores:** Os plásticos são utilizados para fabricar uma variedade de componentes interiores, tais como painéis de instrumentos, guarnições de portas, sistemas de assentos e compartimentos de arrumação. Estes componentes são leves, duráveis e resistentes ao desgaste, proporcionando conforto, comodidade e atrativo estético aos ocupantes do veículo.

2. **Painéis exteriores:** Os plásticos são utilizados para fabricar painéis

exteriores, tais como para-choques, para-lamas, capôs e saias laterais. Estes painéis são leves, resistentes ao impacto e à corrosão, reduzindo o peso do veículo e melhorando a eficiência do combustível, ao mesmo tempo que aumentam a segurança e a durabilidade.

3. **Componentes sob o capô:** Os plásticos são utilizados para fabricar componentes sob o capot, tais como tampas de motor, colectores de admissão de ar e depósitos de radiador. Estes componentes são leves, resistentes ao calor e aos produtos químicos, proporcionando isolamento térmico, redução do ruído e proteção contra a corrosão em condições de funcionamento exigentes.

4. **Sistemas eléctricos e electrónicos:** Os plásticos são utilizados para fabricar sistemas eléctricos e electrónicos, tais como cablagens, conectores e caixas de sensores. Estes sistemas são leves, isolantes e resistentes à humidade e à corrosão, garantindo um desempenho fiável e segurança nos veículos modernos. Os plásticos permitem que os fabricantes de automóveis cumpram requisitos de desempenho rigorosos, normas regulamentares e expectativas dos consumidores em termos de eficiência de combustível, segurança e conforto, impulsionando a inovação e a competitividade na indústria automóvel.

8.2 Plásticos em embalagens

Os plásticos são omnipresentes na indústria da embalagem, onde oferecem uma versatilidade, rentabilidade e desempenho sem paralelo na proteção, preservação e apresentação de uma vasta gama de produtos:

1. **Embalagem de alimentos:** Os plásticos são utilizados para fabricar embalagens de alimentos, tais como garrafas, recipientes, tabuleiros e películas. Estes materiais de embalagem são leves, transparentes e resistentes à humidade e ao oxigénio, garantindo a frescura, a segurança e o prazo de validade dos

alimentos perecíveis, minimizando o desperdício e a deterioração dos alimentos.

2. **Embalagem de bebidas:** Os plásticos são utilizados para fabricar embalagens de bebidas, tais como garrafas, latas e bolsas. Estes materiais de embalagem são leves, inquebráveis e recicláveis, proporcionando comodidade, portabilidade e sustentabilidade no armazenamento e transporte de bebidas.

3. **Embalagens farmacêuticas:** Os plásticos são utilizados para fabricar embalagens farmacêuticas, tais como blisters, frascos e seringas. Estes materiais de embalagem são leves, estéreis e invioláveis, garantindo a segurança, a integridade e a eficácia dos produtos farmacêuticos, ao mesmo tempo que aumentam a conformidade e a conveniência para o paciente.

4. **Embalagens industriais:** Os plásticos são utilizados para fabricar embalagens industriais, como tambores, paletes e contentores para produtos a granel. Estes materiais de embalagem são leves, duradouros e personalizáveis, proporcionando soluções económicas para armazenar, manusear e transportar bens e materiais industriais.

Os plásticos oferecem uma versatilidade e um desempenho inigualáveis na satisfação das diversas necessidades da indústria da embalagem, permitindo aos fabricantes inovar, diferenciar e otimizar as soluções de embalagem para vários produtos e mercados.

8.3 Plásticos na construção

Os plásticos desempenham um papel vital na indústria da construção, onde são utilizados para melhorar o desempenho, a durabilidade e a sustentabilidade dos materiais e estruturas de construção:

1. **Materiais de isolamento:** Os plásticos são utilizados para fabricar materiais de isolamento, como placas de espuma, espuma em spray e isolamento refletor.

Estes materiais são leves, isolantes térmicos e resistentes à humidade, proporcionando eficiência energética, conforto e qualidade do ar interior em edifícios residenciais, comerciais e industriais.

2. **Tubos e acessórios:** Os plásticos são utilizados para fabricar tubos e acessórios para sistemas de canalização, drenagem e esgotos. Estes materiais são leves, resistentes à corrosão e fáceis de instalar, proporcionando soluções duradouras e à prova de fugas para o transporte de água, gás e águas residuais em infra-estruturas de construção.

3. **Janelas e portas:** Os plásticos são utilizados para fabricar janelas e portas feitas de materiais como PVC, acrílico e compósitos. Estes produtos são leves, resistentes às intempéries e eficientes em termos energéticos, proporcionando isolamento térmico, redução do ruído e segurança em edifícios residenciais e comerciais.

4. **Materiais para telhados:** Os plásticos são utilizados para fabricar materiais para telhados, como telhas, telhas e membranas. Estes materiais são leves, à prova de intempéries e resistentes aos raios UV, proporcionando soluções duradouras e de baixa manutenção para proteger os edifícios dos elementos e melhorar a eficiência energética.

Os plásticos oferecem aos arquitectos, engenheiros e empreiteiros soluções inovadoras para a conceção, construção e reabilitação de edifícios que satisfazem as exigências das práticas de construção modernas e das normas de construção sustentável.

8.4 Plásticos na eletrónica

Os plásticos são materiais essenciais na indústria eletrónica, onde são utilizados para fabricar uma vasta gama de componentes e dispositivos que alimentam e ligam o mundo moderno:

1. **Caixas e invólucros:** Os plásticos são utilizados para fabricar caixas e invólucros para dispositivos electrónicos, como smartphones, tablets, computadores e produtos electrónicos de consumo. Estes componentes são leves, duráveis e personalizáveis, proporcionando proteção, estética e funcionalidade em produtos electrónicos.

2. **Placas de circuito impresso (PCBs):** Os plásticos são utilizados para fabricar placas de circuitos impressos (PCB) feitas de materiais como resinas epóxi, poliimidas e termoplásticos. Estes materiais são leves, isolantes e resistentes ao calor, proporcionando isolamento elétrico, suporte mecânico e montagem de componentes em montagens electrónicas.

3. **Conectores e cabos:** Os plásticos são utilizados para fabricar conectores e cabos para aplicações eléctricas e electrónicas. Estes componentes são leves, flexíveis e resistentes à corrosão, proporcionando uma conetividade fiável, transmissão de sinais e distribuição de energia em sistemas electrónicos.

4. **Materiais de embalagem:** Os plásticos são utilizados para fabricar materiais de embalagem para componentes electrónicos, tais como tabuleiros, tubos e fitas. Estes materiais são leves, protectores e anti-estáticos, proporcionando um manuseamento, transporte e armazenamento seguros de peças e conjuntos electrónicos sensíveis.

Os plásticos permitem aos fabricantes de eletrónica produzir dispositivos compactos, leves e de elevado desempenho que satisfazem as exigências dos consumidores, das empresas e das indústrias em termos de conetividade, mobilidade e funcionalidade na era digital.

8.5 Plásticos em dispositivos médicos

Os plásticos desempenham um papel fundamental na indústria médica, onde são utilizados para fabricar uma vasta gama de dispositivos e equipamentos que melhoram os cuidados, o diagnóstico e o tratamento dos doentes:

1. **Dispositivos implantáveis:** Os plásticos são utilizados para fabricar dispositivos implantáveis, tais como implantes ortopédicos, stents cardiovasculares e próteses dentárias. Estes dispositivos são leves, biocompatíveis e resistentes à corrosão, proporcionando soluções duradouras e duradouras para restaurar a função e melhorar a qualidade de vida dos pacientes.

2. **Instrumentos cirúrgicos:** Os plásticos são utilizados para fabricar instrumentos cirúrgicos, como pinças, tesouras e retractores. Estes instrumentos são leves, esterilizáveis e ergonómicos, proporcionando precisão, durabilidade e segurança em procedimentos cirúrgicos e intervenções médicas.

3. **Equipamento de diagnóstico:** Os plásticos são utilizados para fabricar equipamento de diagnóstico, como dispositivos de imagiologia, material de laboratório e kits de teste. Estes produtos são leves, transparentes e resistentes a químicos, fornecendo resultados precisos e fiáveis para diagnosticar e monitorizar condições médicas e doenças.

4. **Sistemas de administração de medicamentos:** Os plásticos são utilizados para fabricar sistemas de administração de medicamentos, tais como seringas, conjuntos de infusão e inaladores. Estes sistemas são leves, estéreis e descartáveis, proporcionando uma administração precisa e controlada de medicamentos e terapias aos pacientes.

Os plásticos permitem que os fabricantes de dispositivos médicos desenvolvam soluções inovadoras para diagnosticar, tratar e gerir uma vasta gama de condições médicas e doenças, melhorando os resultados e a qualidade de vida dos doentes.

8.6 Plásticos em produtos de consumo

Os plásticos são omnipresentes nos produtos de consumo, onde oferecem uma versatilidade, acessibilidade e liberdade de design inigualáveis para satisfazer as diversas necessidades e preferências dos consumidores:

1. **Bens de uso doméstico:** Os plásticos são utilizados no fabrico de bens domésticos, tais como electrodomésticos, mobiliário e utensílios. Estes produtos são leves, duráveis e fáceis de limpar, proporcionando comodidade, conforto e funcionalidade na vida quotidiana.

2. **Produtos de cuidados pessoais:** Os plásticos são utilizados para fabricar produtos de cuidados pessoais, tais como frascos, recipientes e embalagens para cosméticos, produtos de higiene pessoal e produtos de higiene. Estes produtos são leves, portáteis e personalizáveis, proporcionando conveniência, estética e proteção para artigos de cuidados pessoais.

3. **Equipamento desportivo e recreativo:** Os plásticos são utilizados para fabricar equipamento desportivo e recreativo, como capacetes, equipamento de proteção e artigos desportivos. Estes produtos são leves, resistentes ao impacto e personalizáveis, proporcionando segurança, desempenho e prazer aos atletas e entusiastas.

4. **Brinquedos e jogos:** Os plásticos são utilizados no fabrico de brinquedos e jogos para crianças e adultos. Estes produtos são leves, duráveis e coloridos,

proporcionando entretenimento, educação e criatividade para utilizadores de todas as idades.

Os plásticos permitem aos designers, fabricantes e retalhistas criar produtos inovadores, acessíveis e sustentáveis que enriquecem e melhoram a vida dos consumidores em todo o mundo.

CAPÍTULO 9

CONSIDERAÇÕES AMBIENTAIS

Nos últimos anos, as considerações ambientais tornaram-se cada vez mais críticas na indústria dos plásticos, uma vez que as preocupações com a poluição dos plásticos, o esgotamento dos recursos e as alterações climáticas ganharam proeminência. Para enfrentar estes desafios, é necessária uma abordagem abrangente que englobe a gestão dos resíduos plásticos, os processos de reciclagem, os plásticos biodegradáveis e as práticas de fabrico sustentáveis. Esta exploração aprofundada analisa as considerações ambientais na indústria dos plásticos, elucidando a paisagem atual, os desafios e as oportunidades para alcançar a sustentabilidade e mitigar os impactos ambientais.

9.1 Gestão de resíduos de plástico

A gestão dos resíduos de plástico é uma questão premente que exige estratégias e soluções eficazes para minimizar a poluição ambiental e o esgotamento dos recursos. Os principais aspectos da gestão dos resíduos de plástico incluem:

1. **Recolha e triagem:** Sistemas eficientes de recolha e triagem são essenciais para desviar os resíduos de plástico dos aterros e das instalações de incineração. Os programas de reciclagem baseados na comunidade, a separação dos resíduos na fonte e as tecnologias avançadas de triagem permitem a recuperação de materiais valiosos do fluxo de resíduos.

2. **Infra-estruturas de reciclagem:** Uma infraestrutura de reciclagem robusta, incluindo instalações de recuperação de materiais (MRFs), centros de reciclagem e fábricas de processamento, é crucial para transformar os resíduos

de plástico recolhidos em novos produtos e materiais. É necessário investir no desenvolvimento e modernização das infra-estruturas para aumentar a capacidade e a eficiência da reciclagem.

3. **Responsabilidade alargada do produtor (EPR):** As políticas e regulamentos de REP responsabilizam os fabricantes pela gestão do fim de vida dos seus produtos, encorajando a conceção de produtos para reciclagem, a utilização de materiais reciclados e o investimento em infra-estruturas de reciclagem. Os regimes de REP incentivam os produtores a adotar práticas sustentáveis e a reduzir a pegada ambiental dos seus produtos.

4. **Princípios da economia circular:** A adoção de princípios de economia circular, como a conceção para desmontagem, refabricação e reutilização, promove a eficiência dos recursos e a redução dos resíduos ao longo do ciclo de vida do produto. Os modelos de negócio circulares, como o produto como serviço e as plataformas de partilha, oferecem soluções inovadoras para maximizar o valor e a longevidade dos produtos e materiais.

A gestão eficaz dos resíduos de plástico exige a colaboração entre as partes interessadas em toda a cadeia de valor, incluindo governos, empresas, consumidores e organizações de gestão de resíduos, para atingir os objectivos de redução de resíduos, recuperação de recursos e proteção ambiental.

9.2 Processos e desafios da reciclagem

A reciclagem é uma componente chave da gestão sustentável de resíduos, oferecendo o potencial para conservar recursos, reduzir o consumo de energia e minimizar os impactos ambientais. No entanto, a reciclagem de plásticos apresenta vários desafios e complexidades, incluindo:

1. **Contaminação de materiais:** A contaminação dos plásticos reciclados com materiais estranhos, resíduos e polímeros incompatíveis reduz a qualidade e o valor dos materiais reciclados, colocando desafios ao processamento a jusante e à aceitação pelo mercado. É necessária uma separação eficaz na fonte, campanhas educativas e tecnologias de triagem avançadas para minimizar os níveis de contaminação.

2. **Baixa reciclagem e perda de propriedades:** Cada ciclo de reciclagem degrada a qualidade e as propriedades dos plásticos, conduzindo à desclassificação e à perda de valor material. Os processos de reciclagem mecânica, como a trituração e a fusão, resultam na degradação do polímero, na degradação térmica e na perda de propriedades mecânicas, limitando a reciclabilidade dos plásticos.

3. **Infra-estruturas e investimento:** Infra-estruturas de reciclagem insuficientes, falta de investimento e tecnologias desactualizadas impedem a escalabilidade e a viabilidade da reciclagem de plásticos. O investimento em tecnologias de reciclagem avançadas, como a reciclagem química, a pirólise e a despolimerização, é necessário para ultrapassar as barreiras técnicas e libertar todo o potencial da reciclagem de plástico.

4. **Procura de mercado e economia:** A procura limitada de plásticos reciclados no mercado, a flutuação dos preços dos produtos de base e os baixos preços dos materiais virgens criam desafios económicos para as operações de reciclagem. Os incentivos de mercado, as políticas de aquisição e as preferências dos consumidores desempenham um papel crucial na procura de materiais reciclados e no apoio à economia da reciclagem.

Enfrentar os desafios da reciclagem de plásticos exige inovação, investimento e colaboração em toda a cadeia de valor para desenvolver soluções escaláveis e económicas que aumentem as taxas de reciclagem e promovam uma economia circular para os plásticos.

9.3 Plásticos biodegradáveis

Os plásticos biodegradáveis oferecem soluções potenciais para reduzir a poluição por plásticos e atenuar os impactos ambientais, decompondo-se em substâncias inofensivas através de processos naturais. As principais considerações para os plásticos biodegradáveis incluem:

1. **Tipos de plásticos biodegradáveis:** Os plásticos biodegradáveis abrangem uma gama diversificada de materiais, incluindo plásticos de base biológica derivados de recursos renováveis, como amidos de plantas, celulose e polímeros produzidos por microorganismos. Estes materiais degradam-se através de processos biológicos, químicos ou enzimáticos, dependendo da sua composição e das condições ambientais.

2. **Mecanismos de degradação:** Os plásticos biodegradáveis degradam-se através de vários mecanismos, incluindo a digestão microbiana, a hidrólise e a oxidação, em diferentes ambientes, como o solo, a água e as instalações de compostagem. Factores como a temperatura, a humidade, a disponibilidade de oxigénio e a atividade microbiana influenciam a taxa e a extensão da degradação.

3. **Compostagem e digestão anaeróbia:** A compostagem e a digestão anaeróbia são métodos comuns de gestão de plásticos biodegradáveis, proporcionando ambientes controlados que aceleram a degradação e facilitam a recuperação da matéria orgânica. As instalações industriais de compostagem e os digestores anaeróbios transformam os plásticos biodegradáveis em composto, biogás e correctivos do solo, fechando o ciclo dos nutrientes e reduzindo os resíduos.

4. **Certificação e normas:** Os sistemas de certificação e as normas, como a Norma Europeia (EN) 13432 e a ASTM D6400, garantem a biodegradabilidade e a compostabilidade dos plásticos biodegradáveis, verificando o seu

desempenho ambiental e a compatibilidade com os sistemas de gestão de resíduos existentes. A certificação permite aos consumidores, às empresas e às entidades reguladoras fazer escolhas informadas e promover a adoção de alternativas biodegradáveis.

Os plásticos biodegradáveis oferecem oportunidades para a redução da poluição por plásticos e para a transição para materiais mais sustentáveis, mas é necessário enfrentar desafios como as opções limitadas de fim de vida, a compatibilidade com os sistemas de reciclagem e a aceitação pelo mercado para concretizar todo o seu potencial.

9.4 Práticas de fabrico sustentáveis

As práticas de fabrico sustentável são essenciais para reduzir a pegada ambiental da indústria dos plásticos e promover a eficiência dos recursos, a redução dos resíduos e a gestão ambiental. Os princípios e estratégias fundamentais para o fabrico sustentável incluem:

1. **Eficiência de recursos:** A otimização da utilização de materiais, do consumo de energia e da utilização de água através da otimização de processos, da minimização de resíduos e de iniciativas de recuperação de recursos reduz os impactos ambientais e aumenta a eficiência operacional. A adoção de sistemas de ciclo fechado, de princípios de fabrico simples e de tecnologias de eficiência energética maximiza a utilização de recursos e minimiza a produção de resíduos.

2. **Energia renovável e neutralidade de carbono:** A transição para fontes de energia renováveis, como a solar, a eólica e a biomassa, reduz as emissões de gases com efeito de estufa e atenua os impactos das alterações climáticas associados ao fabrico de plásticos. Iniciativas de compensação de carbono, actualizações de eficiência energética e investimentos em tecnologias de energia limpa permitem aos fabricantes de plásticos alcançar a neutralidade de carbono e

a sustentabilidade ambiental.

3. **Materiais e processos ecológicos:** A substituição de produtos químicos perigosos, aditivos tóxicos e materiais nocivos para o ambiente por alternativas mais seguras e ecológicas melhora a segurança dos produtos, reduz a poluição e protege a saúde humana e o ambiente. A adoção de processos ecológicos, como a química verde, o fabrico sem solventes e os revestimentos à base de água, minimiza os riscos ambientais e aumenta a sustentabilidade do produto.

4. **Avaliação do Ciclo de Vida (LCA):** A realização de avaliações do ciclo de vida (ACV) avalia os impactos ambientais dos plásticos ao longo de todo o seu ciclo de vida, desde a extração e fabrico de matérias-primas até à utilização, eliminação e gestão do fim de vida. As LCAs identificam os pontos críticos, quantificam as pegadas ambientais e informam os processos de tomada de decisão para melhorar a conceção dos produtos, os processos de fabrico e as práticas de gestão de resíduos.

As práticas de fabrico sustentável integram considerações ambientais nas operações comerciais, impulsionando a inovação, a competitividade e a criação de valor a longo prazo para os fabricantes de plásticos e as partes interessadas.

CAPÍTULO 10

TENDÊNCIAS E INOVAÇÕES FUTURAS

A indústria dos plásticos está pronta a transformar-se à medida que os avanços tecnológicos, as exigências da sociedade e os imperativos ambientais impulsionam a inovação e a mudança. Desde os avanços na ciência dos materiais até ao aparecimento de materiais inteligentes e à adoção da impressão 3D, o futuro dos plásticos promete desenvolvimentos inovadores que irão remodelar as indústrias e redefinir as possibilidades. Esta exploração abrangente investiga as tendências e inovações futuras na indústria dos plásticos, examinando os últimos avanços, desafios e oportunidades no horizonte.

10.1 Avanços na ciência dos materiais

A ciência dos materiais continua a alargar as fronteiras da inovação na indústria dos plásticos, com avanços significativos nos nanocompósitos e bioplásticos a liderar o caminho:

1. **Nanocompósitos:** Os nanocompósitos são materiais compostos por uma matriz polimérica reforçada com cargas à escala nanométrica, tais como nanopartículas, nanofibras ou nanotubos. Estes materiais oferecem propriedades mecânicas, estabilidade térmica e propriedades de barreira melhoradas em comparação com os compósitos convencionais, abrindo novas possibilidades para aplicações leves e de elevado desempenho nas indústrias aeroespacial, automóvel e eletrónica. A investigação em nanocompósitos centra-se na otimização da dispersão de cargas, na adesão de interfaces e nas técnicas de

processamento para maximizar o desempenho e a escalabilidade.

2. **Bioplásticos:** Os bioplásticos são derivados de recursos renováveis, tais como matérias-primas de origem vegetal, resíduos agrícolas e produtos de fermentação microbiana, oferecendo benefícios ambientais em relação aos plásticos convencionais à base de petróleo. Os bioplásticos abrangem uma gama diversificada de materiais, incluindo o ácido poliláctico (PLA), os polihidroxialcanoatos (PHA) e os polímeros à base de amido, com aplicações que abrangem embalagens, têxteis e dispositivos biomédicos. Os avanços na investigação sobre bioplásticos centram-se na melhoria das propriedades dos materiais, nas capacidades de processamento e nas opções de fim de vida para promover a adoção generalizada e a sustentabilidade na indústria dos plásticos.

A convergência da ciência dos materiais com tecnologias emergentes, como o fabrico de aditivos e a conceção digital, permite o desenvolvimento de materiais personalizados e multifuncionais adaptados a aplicações e requisitos de desempenho específicos.

10.2 Impressão 3D de plásticos

A impressão 3D, também conhecida como fabrico aditivo, está a revolucionar a produção de componentes e produtos de plástico, oferecendo uma liberdade de design, personalização e eficiência sem precedentes:

1. **Processos de fabrico aditivo:** As tecnologias de impressão 3D, como a modelação por deposição fundida (FDM), a estereolitografia (SLA) e a sinterização selectiva a laser (SLS), permitem o fabrico camada a camada de geometrias complexas a partir de modelos digitais. Estes processos eliminam a necessidade de ferramentas e maquinagem tradicionais, reduzindo os prazos de entrega, o desperdício de material e os custos associados aos métodos de fabrico

convencionais.

2. **Otimização e complexidade do design:** A impressão 3D permite aos designers criar estruturas e montagens complexas e leves que são difíceis ou impossíveis de produzir utilizando técnicas de fabrico tradicionais. Os algoritmos de design generativo, as ferramentas de otimização de topologia e as estruturas de treliça permitem a otimização do desempenho dos componentes, a utilização de materiais e a eficiência da produção, desbloqueando novas possibilidades de redução de peso, consolidação de peças e integração funcional.

3. **Aplicações e sectores:** A impressão 3D é utilizada numa vasta gama de indústrias, incluindo a aeroespacial, automóvel, cuidados de saúde e bens de consumo, para prototipagem, ferramentas e produção final. As aplicações incluem componentes aeroespaciais, peças para automóveis, implantes médicos, próteses e produtos de consumo personalizados. À medida que a tecnologia de impressão 3D avança e os materiais se expandem, as potenciais aplicações e oportunidades de mercado para o fabrico de aditivos continuam a crescer.

Embora a impressão 3D ofereça inúmeras vantagens, incluindo a prototipagem rápida, a produção a pedido e a flexibilidade de conceção, é necessário enfrentar desafios como as limitações dos materiais, a repetibilidade do processo e os requisitos de pós-processamento para concretizar todo o potencial do fabrico aditivo na indústria dos plásticos.

10.3 Materiais e aplicações inteligentes

Os materiais inteligentes, também conhecidos como materiais funcionais ou materiais reactivos, são concebidos para responder a estímulos externos, como a temperatura, a luz ou a tensão mecânica, permitindo funcionalidades e aplicações únicas:

1. **Polímeros com memória de forma (SMPs):** Os SMPs são materiais termicamente reactivos que podem sofrer alterações reversíveis na forma, tamanho ou rigidez em resposta a variações de temperatura. Estes materiais encontram aplicações em dispositivos biomédicos, actuadores, sensores e estruturas destacáveis, onde é necessária uma mudança de forma programável e um comportamento adaptativo.

2. **Polímeros auto-regenerativos:** Os polímeros auto-regenerativos têm a capacidade de reparar danos e restaurar a integridade mecânica após exposição a factores externos, como o calor, a luz ou a humidade. Estes materiais oferecem potenciais aplicações em revestimentos para automóveis, dispositivos electrónicos e materiais para infra-estruturas, onde a durabilidade e a longevidade são fundamentais.

3. **Polímeros condutores:** Os polímeros condutores apresentam uma condutividade eléctrica comparável à dos metais, mantendo as propriedades leves e flexíveis dos plásticos. Estes materiais são utilizados em componentes electrónicos, sensores e dispositivos portáteis, permitindo inovações em eletrónica flexível, armazenamento de energia e interfaces homem-máquina.

4. **Superfícies e revestimentos reactivos:** As superfícies e os revestimentos reactivos podem alterar as suas propriedades, como a molhabilidade, a adesão ou a transparência ótica, em resposta a estímulos externos. Estes materiais encontram aplicações em revestimentos anti-incrustantes, janelas inteligentes e sensores ambientais, onde se pretende um controlo dinâmico das propriedades da superfície.

Os materiais inteligentes oferecem novas funcionalidades e capacidades que permitem soluções inovadoras para desafios complexos em diversos sectores, incluindo os cuidados de saúde, aeroespacial, robótica e monitorização ambiental.

10.4 Perspectivas e desafios do sector

Apesar dos avanços promissores e das oportunidades na indústria dos plásticos, há vários desafios e incertezas pela frente:

1. **Preocupações ambientais:** A poluição dos plásticos, o esgotamento dos recursos e as alterações climáticas continuam a representar desafios significativos para a indústria dos plásticos, exigindo uma ação urgente para reduzir os impactos ambientais, promover os princípios da economia circular e fazer a transição para materiais e práticas sustentáveis.

2. **Cenário regulamentar:** A evolução dos quadros regulamentares, das políticas e das normas relacionadas com a gestão de resíduos de plástico, a reciclagem e a gestão de produtos criam desafios de conformidade e incerteza para as empresas que operam na cadeia de valor dos plásticos. A colaboração entre os governos, as partes interessadas da indústria e a sociedade civil é essencial para desenvolver políticas eficazes que equilibrem a proteção ambiental com o crescimento económico e a inovação.

3. **Perturbação tecnológica:** Os rápidos avanços tecnológicos, a digitalização e a automatização estão a remodelar a indústria dos plásticos, perturbando os modelos de negócio tradicionais, as cadeias de fornecimento e os processos de fabrico. As empresas têm de adotar a inovação, investir em capacidades digitais e adaptar-se à dinâmica do mercado em mudança para se manterem competitivas e preparadas para o futuro.

4. **Consciência e preferências do consumidor: A** crescente sensibilização dos consumidores para as questões ambientais, a sustentabilidade e a segurança dos produtos influencia as decisões de compra e a fidelidade à marca na indústria dos plásticos. As empresas devem dar prioridade à transparência, à rastreabilidade e à sustentabilidade nas suas operações e produtos para satisfazer

as expectativas dos consumidores e manter a relevância no mercado.

Navegar no panorama em evolução da indústria dos plásticos exige uma liderança proactiva, inovação e colaboração para enfrentar os desafios, capitalizar as oportunidades e impulsionar o crescimento sustentável e a resiliência nos próximos anos.

CAPÍTULO 11
ANÁLISE DE MERCADO DOS PLÁSTICOS

11.1 Introdução

Os plásticos tornaram-se parte integrante da vida moderna, moldando vários aspectos das actividades quotidianas e dos processos industriais. A versatilidade, a durabilidade e a relação custo-eficácia dos plásticos levaram à sua adoção generalizada em vários sectores, desde as embalagens e o sector automóvel até aos cuidados de saúde e à eletrónica. Como a procura global de plásticos continua a crescer, torna-se essencial analisar a dinâmica do mercado, as tendências, as oportunidades e os desafios que moldam esta indústria.

11.2 Dimensão e crescimento do mercado

O mercado global dos plásticos é um sector vasto e dinâmico. Em 2023, o mercado estava avaliado em aproximadamente 600 mil milhões de dólares, com projecções que indicam uma taxa de crescimento de 3-4% CAGR durante a próxima década. Em 2030, espera-se que o mercado se aproxime de US $ 800 bilhões, impulsionado por fatores como o aumento das atividades industriais, avanços tecnológicos e aumento da demanda do consumidor nas economias emergentes.

11.3 Principais factores de crescimento do mercado

1. **Urbanização e industrialização**: A rápida urbanização e o crescimento industrial nas regiões em desenvolvimento, particularmente na Ásia-Pacífico, estão a impulsionar a procura de plásticos na construção, embalagem e bens de consumo.

58

2. **Inovações tecnológicas**: Os avanços nas tecnologias de fabrico de plásticos, como a impressão 3D e os novos desenvolvimentos de polímeros, estão a expandir as áreas de aplicação dos plásticos.

3. **Tendências de consumo**: O aumento dos rendimentos disponíveis e a alteração dos estilos de vida dos consumidores estão a aumentar a procura de produtos de plástico para embalagens, automóveis e eletrónica.

4. **Esforços de sustentabilidade**: O desenvolvimento de plásticos biodegradáveis e de base biológica está a responder à crescente pressão dos consumidores e da regulamentação no sentido de materiais sustentáveis.

11.4 Segmentos principais

O mercado dos plásticos pode ser segmentado com base no tipo, na aplicação e na região. Cada segmento tem características e dinâmicas de crescimento únicas.

Por tipo

1. **Polietileno (PE)**: O plástico mais utilizado, o PE é predominante em aplicações de embalagem, como sacos de plástico, garrafas e películas. O seu baixo custo e versatilidade fazem dele um elemento básico na indústria.

2. **Polipropileno (PP)**: Conhecido pela sua dureza e resistência a produtos químicos, o PP é utilizado em peças para automóveis, têxteis e várias aplicações de embalagem.

3. **Cloreto de polivinilo (PVC)**: O PVC é comummente utilizado em materiais de construção, incluindo tubos, acessórios e caixilhos de janelas, devido à sua durabilidade e rentabilidade.

4. **Poliestireno (PS)**: Utilizado em isolamento, embalagens e talheres descartáveis, o PS é valorizado pela sua rigidez e propriedades de isolamento térmico.

5. **Politereftalato de etileno (PET)**: Predominantemente utilizado em garrafas de bebidas e fibras sintéticas, o PET é apreciado pela sua resistência e capacidade de reciclagem.

6. **Bioplásticos**: Emergindo como uma alternativa sustentável, os bioplásticos são feitos a partir de fontes renováveis e têm aplicações em embalagens, agricultura e bens de consumo.

11.5 Por aplicação

1. **Embalagem**: O maior segmento, impulsionado pela necessidade de soluções de embalagem leves, duradouras e económicas. Os plásticos neste sector são utilizados em recipientes para alimentos e bebidas, embalagens retrácteis e embalagens de proteção.

2. **Sector automóvel**: Aumento da utilização de plásticos no fabrico de veículos leves e eficientes em termos de combustível. As aplicações incluem componentes interiores, para-choques e sistemas de combustível.

3. **Construção**: Os plásticos são utilizados em tubos, isolamentos, pavimentos e acessórios devido à sua durabilidade, resistência à corrosão e economia.

4. **Eletrónica**: Os plásticos são essenciais na eletrónica para invólucros, isolamento e vários componentes devido às suas propriedades de isolamento elétrico e leveza.

5. **Cuidados de saúde**: A procura de dispositivos médicos descartáveis, embalagens e componentes está a crescer. Os plásticos são utilizados em

seringas, sacos IV e contentores médicos.

11.6 Análise regional

O mercado dos plásticos apresenta variações regionais significativas em termos de procura, produção e ambiente regulamentar.

Ásia-Pacífico

• **Tamanho e crescimento do mercado**: A Ásia-Pacífico é o maior mercado de plásticos e o que regista o crescimento mais rápido, impulsionado pela rápida industrialização, urbanização e aumento da procura dos consumidores em países como a China e a Índia.

• **Principais factores**: Elevadas taxas de crescimento económico, aumento da população e expansão do sector da indústria transformadora.

• **Desafios**: Preocupações ambientais e pressões regulamentares relativas à gestão dos resíduos de plástico.

América do Norte

• **Dimensão e crescimento do mercado**: A América do Norte é um mercado significativo com capacidades tecnológicas avançadas e elevada procura nas indústrias automóvel e de embalagens.

• **Principais factores**: Avanços tecnológicos, rendimentos disponíveis elevados e infra-estruturas de fabrico robustas.

• **Desafios**: Ambiente regulamentar centrado na redução dos resíduos de plástico e na promoção da reciclagem.

Europa

- **Dimensão e crescimento do mercado**: A Europa tem um mercado de plásticos maduro, com uma forte ênfase na sustentabilidade e na reciclagem.

- **Principais factores**: Regulamentos rigorosos, preferência dos consumidores por produtos sustentáveis e inovações em bioplásticos.

- **Desafios**: Restrições regulamentares e custos elevados associados à reciclagem e à produção sustentável.

América Latina e Médio Oriente e África

- **Dimensão e crescimento do mercado**: Mercados emergentes com potencial de crescimento devido ao aumento das actividades industriais e da urbanização.

- **Principais factores**: Desenvolvimento económico, expansão da classe média e investimentos em infra-estruturas.

- **Desafios**: Volatilidade económica e obstáculos regulamentares.

11.7 Tendências e factores de mudança Sustentabilidade

A sustentabilidade é uma tendência importante que está a remodelar a indústria dos plásticos. Existe uma pressão crescente dos consumidores e das entidades reguladoras para desenvolver materiais amigos do ambiente e reduzir os resíduos de plástico. Este facto levou a um aumento do investimento em bioplásticos, tecnologias de reciclagem e iniciativas de economia circular.

1. **Bioplásticos**: Produzidos a partir de fontes renováveis, os bioplásticos estão a ganhar força como uma alternativa sustentável aos plásticos tradicionais. São utilizados em embalagens, na agricultura e em bens de consumo.

2. **Reciclagem**: As inovações nas tecnologias de reciclagem, como a reciclagem química e os métodos avançados de triagem, estão a melhorar a eficiência e a viabilidade da reciclagem de resíduos de plástico.

3. **Economia circular**: A mudança para uma economia circular tem como objetivo minimizar os resíduos e tirar o máximo partido dos recursos. Isto envolve a conceção de produtos para uma utilização mais prolongada, a promoção da reciclagem e o incentivo à reutilização de materiais.

11.8 Avanços tecnológicos

Os avanços na ciência dos polímeros e nos processos de fabrico estão a expandir as aplicações dos plásticos e a melhorar as suas propriedades.

1. **Impressão 3D**: A utilização de plásticos na impressão 3D está a revolucionar o fabrico, permitindo a produção de peças complexas e personalizadas com o mínimo de desperdício.

2. **Polímeros avançados**: Desenvolvimento de polímeros de elevado desempenho com propriedades melhoradas, tais como resistência ao calor, força e flexibilidade para aplicações especializadas na indústria aeroespacial, dispositivos médicos e eletrónica.

3. **Nanotecnologia**: Incorporação de nanomateriais em plásticos para melhorar as suas propriedades mecânicas, térmicas e de barreira.

11.9 Crescimento económico

O crescimento económico, particularmente nas economias emergentes, está a impulsionar a procura de produtos de plástico em vários sectores. O aumento dos rendimentos disponíveis e a urbanização estão a levar a um aumento do consumo de produtos embalados, veículos automóveis e dispositivos electrónicos.

11.10 Enquadramento regulamentar

O ambiente regulamentar é um fator e um desafio significativo para a indústria dos plásticos. Os governos de todo o mundo estão a implementar regulamentos para reduzir os resíduos de plástico, promover a reciclagem e incentivar a utilização de materiais sustentáveis.

1. **Proibições de plásticos de utilização única**: Muitos países introduziram proibições ou restrições aos plásticos de utilização única, como palhinhas, sacos e talheres, para reduzir a poluição por plásticos.

2. **Responsabilidade alargada do produtor (EPR)**: Políticas que responsabilizam os produtores por todo o ciclo de vida dos seus produtos, incluindo a gestão de resíduos pós-consumo.

3. **Mandatos de reciclagem**: Regulamentos que exigem uma determinada percentagem de conteúdo reciclado nos produtos de plástico e que promovem o desenvolvimento de infra-estruturas de reciclagem.

11.11 Desafios

Apesar das suas perspectivas de crescimento, a indústria dos plásticos enfrenta vários desafios que têm de ser enfrentados para garantir um desenvolvimento sustentável.

11.11 Impacto ambiental

A poluição plástica e a gestão dos resíduos constituem desafios significativos. O impacto ambiental dos resíduos de plástico, particularmente nos oceanos e nos ecossistemas naturais, levou a um maior escrutínio público e regulamentar.

1. **Poluição marinha**: Os resíduos de plástico nos oceanos constituem uma ameaça para a vida e os ecossistemas marinhos. Os esforços para reduzir a poluição por plásticos incluem a limpeza das praias, a proibição de certos produtos e o desenvolvimento de alternativas biodegradáveis.

2. **Aterros e incineração**: Uma grande percentagem dos resíduos de plástico acaba em aterros ou é incinerada, o que provoca poluição ambiental e emissões de gases com efeito de estufa.

11.12 Preços voláteis das matérias-primas

O custo das matérias-primas para a produção de plástico é influenciado pelas flutuações dos preços do petróleo bruto. A volatilidade dos preços das matérias-primas pode afetar a rentabilidade e a estabilidade das empresas produtoras de plástico.

11.13 Iniciativas de sustentabilidade

Embora as iniciativas de sustentabilidade apresentem oportunidades, também colocam desafios. A transição para materiais e processos sustentáveis envolve frequentemente investimentos e adaptações significativos.

1. **Custo dos bioplásticos**: Os bioplásticos são geralmente mais caros de produzir do que os plásticos tradicionais, o que pode limitar a sua adoção, apesar dos benefícios ambientais.

2. **Infra-estruturas para a reciclagem**: O desenvolvimento e a manutenção de infra-estruturas de reciclagem eficientes requerem investimentos substanciais e coordenação entre governos, indústrias e consumidores.

11.14 Oportunidades

A indústria dos plásticos também apresenta inúmeras oportunidades de inovação e crescimento.

11.15 Reciclagem e economia circular

Os investimentos em infra-estruturas e tecnologias de reciclagem apresentam oportunidades de crescimento significativas. O desenvolvimento de processos de reciclagem eficientes e expansíveis pode ajudar a reduzir os resíduos de plástico e promover uma economia circular.

1. **Reciclagem química**: Métodos avançados de reciclagem que decompõem os plásticos nos seus monómeros originais, permitindo a produção de plásticos reciclados de alta qualidade.

2. **Valorização energética dos resíduos**: Conversão de resíduos plásticos em energia através de processos como a pirólise e a gaseificação, constituindo uma alternativa à deposição em aterro e à incineração.

11.16 Bioplásticos

O interesse crescente pelos plásticos biodegradáveis e de base biológica oferece um potencial de expansão do mercado. O desenvolvimento de métodos de produção rentáveis e a melhoria das propriedades dos bioplásticos podem aumentar a sua adoção.

11.17 Aplicações avançadas

O desenvolvimento de plásticos de alto desempenho para utilização em áreas especializadas como a aeroespacial, os dispositivos médicos e a eletrónica oferece oportunidades de inovação e crescimento.

1. **Indústria aeroespacial**: Os plásticos leves e duradouros são utilizados em componentes de aeronaves para melhorar a eficiência e o desempenho do combustível.

2. **Dispositivos médicos**: Os plásticos biocompatíveis e esterilizáveis são essenciais para dispositivos médicos e embalagens.

3. **Eletrónica**: Os plásticos com propriedades avançadas, como a condutividade térmica e o isolamento elétrico, são utilizados em componentes e dispositivos electrónicos.

O mercado global dos plásticos está preparado para um crescimento contínuo, impulsionado pela sua versatilidade e pela expansão da gama de aplicações. No entanto, a indústria tem de enfrentar desafios significativos relacionados com o impacto ambiental e as pressões regulamentares. As inovações em matéria de reciclagem, bioplásticos e tecnologias avançadas de polímeros são cruciais para o crescimento sustentável e para responder à procura global de materiais mais ecológicos.O futuro da indústria dos plásticos reside no equilíbrio entre o crescimento económico e a sustentabilidade. Ao adotar os avanços tecnológicos e os quadros regulamentares, a indústria pode reduzir a sua pegada ambiental, continuando a satisfazer as diversas necessidades dos consumidores e das indústrias de todo o mundo. À medida que o mercado evolui, a colaboração entre governos, indústrias e consumidores será essencial para criar um futuro sustentável e próspero para a indústria dos plásticos.

REFERÊNCIAS

1. Brydson, J. A. (1999). Plastics Materials (7ª ed.). Butterworth-Heinemann.

2. Manas-Zloczower, I., & Wilczyński, K. (Eds.). (2018). Manual de Engenharia de Reação de Polímeros. John Wiley & Sons.

3. Mohanty, A. K., Misra, M., & Drzal, L. T. (2002). Natural Fibers, Biopolymers, and Biocomposites (Fibras Naturais, Biopolímeros e Biocompósitos). CRC Press.

4. Rosato, D. V., Rosato, D. V., & Rosato, M. G. (2005). Manual de seleção de materiais e processos de produtos plásticos. Elsevier.

5. Tadros, T. F. (2013). Reologia de Dispersões: Principles and Applications. John Wiley & Sons.

6. Vlachopoulos, J., & Strutt, D. (Eds.). (2003). The Science and Technology of Silicone Rubber. William Andrew.

7. Wagner, J. R., & Sanders, J. E. (2014). Engenharia Biomédica: Fazendo a ponte entre medicina e tecnologia (2ª ed.). Cambridge University Press.

8. Yam, K. L., & Lee, L. S. (Eds.). (2012). Rheology of Filled Polymer Systems (Reologia de sistemas de polímeros preenchidos). John Wiley & Sons.

Printed by Books on Demand GmbH, Norderstedt / Germany